极小种群野生植物科普丛书

不再孤独的紫荆木

张　璐　等著
虫创纪　绘

中国林業出版社
CFPH China Forestry Publishing House

图书在版编目(CIP)数据

不再孤独的紫荆木 / 张璐等著 ; 虫创纪绘. -- 北京 : 中国林业出版社, 2023.11
（极小种群野生植物科普丛书）
ISBN 978-7-5219-2424-4

Ⅰ. ①不… Ⅱ. ①张… ②虫… Ⅲ. ①乔木–普及读物 Ⅳ. ①S718.4-49

中国国家版本馆CIP数据核字(2023)第223349号

审图号：GS京（2024）0089号

策划编辑：袁丽莉
责任编辑：袁丽莉
装帧设计：北京八度出版服务机构
宣传营销：张　东

出版发行：中国林业出版社
（100009，北京市西城区刘海胡同 7 号，电话 83143633）
电子邮箱：cfphzbs@163.com
网址：www.forestry.gov.cn/lycb.html
印刷：河北京平诚乾印刷有限公司
版次：2023 年 11 月第 1 版
印次：2023 年 11 月第 1 次
开本：889mm×1194mm　1/16
印张：2.75
字数：10 千字
定价：29.80 元

编委会

张　璐　　焦正利　　陈芷鹏　　马艺菲
林浩有　　汪书钰　　叶水云　　刘效东

指导单位

广东省林业局

写在前面

小朋友们，大家好！我是你们的新朋友——紫荆木美美。

你们可能没有听说过我的名字，但是我相信你们会慢慢地认识我、熟悉我、理解我，并最终和我一起守护我们的家园，共建地球生命共同体。

《不再孤独的紫荆木》是第一本专为儿童打造的知识性和趣味性兼具的紫荆木科普读物。书中通过生动有趣的成长故事，以图文并茂的形式讲述我从种子萌发露头—胚根长出—胚芽长出—二叶期—幼苗—幼树—成树—开花结实的生活史，展现我在不同生长期的形态特征、生境特点、生存状况，以及就地保护和迁地保护等措施。

现在，请翻开下一页，看看我的成长故事吧！

我是一棵紫荆木。

我叫丰丰。

大约 4 亿年前，我的祖先第一次来到陆地。
在漫长的进化历程中，
作为植物界被子植物门木兰纲杜鹃花目
山榄科紫荆木属的一员，
我与我的远亲无油樟大约在
2 亿年前就分家了，
与关系较密切的亲戚——
茶、杜鹃和中华猕猴桃
在约 9400 万年前也
分家了。

而我与我的近亲——海南紫荆木、长叶马府油树在约4200万年前才开始分家。

我喜欢生活在低海拔山地和丘陵，
向阳且有水的地方是我的最爱。
广东西南部、广西南部和云南东南部，
都曾有我们一家人的身影。

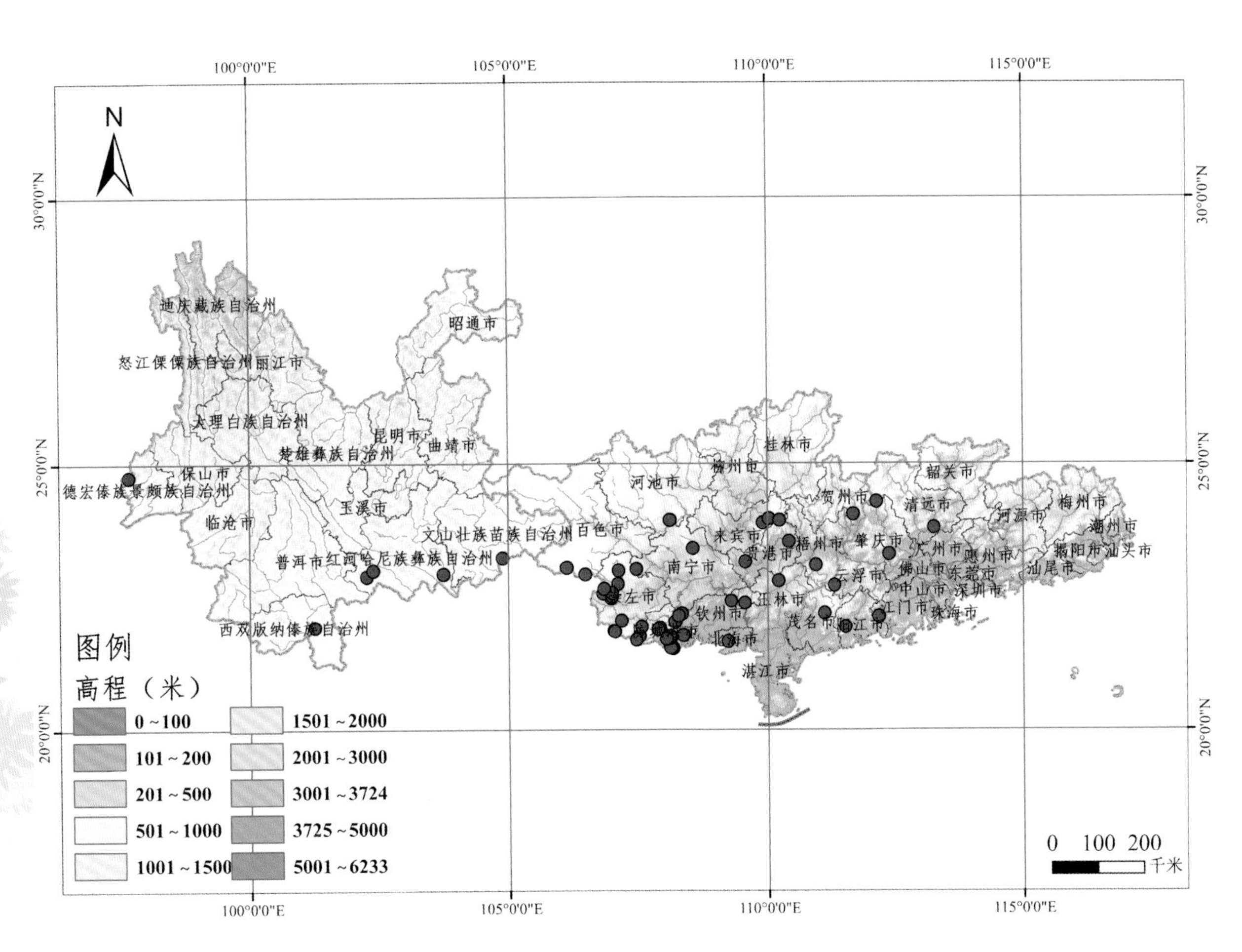

虽然我们经历了多次大绝灭事件，
但我的家族还是存活了下来。
以前我有很多兄弟姊妹，
但从约700万年前开始，
我的家族成员就越来越少。

我的一生从一粒小小的种子开始，
简单而快乐。
在妈妈的精心呵护下，
我和我的兄弟姐妹们过着无忧无虑的生活。
我们穿着漂亮的绿色外衣，
在枝头和风姑娘一起跳舞，
对外面的世界充满了好奇。

终于有一天，
我们挣脱了妈妈的束缚，
毅然决然地投入大地的怀抱。

刚开始，我很高兴，
因为我终于获得了自由。
我顺着山坡一直不停地跑。
可是，当我停下来环顾左右的时候，
我发现我和我的兄弟姐妹走散了。
我孤零零地躺在冰冷的泥土中。
我身上的绿衣服也丢了，
又冷又饿。

就在我孤立无助的时候，

我遇见了一个带着相机的小男孩煊煊。

他发现了孤单地躺在泥土中的我，

于是把我带回家，

种在一个漂亮的绿色花盆里，

还给我起了一个好听的名字“美美”。

有了新家，
我不再冷了，
也不再饿了。
我对外面的世界充满了好奇，
忍不住从种子里面探出头。

外面的世界充满鸟语花香，
我恨不得马上去看看。

我努力地向上长，
终于探出了头。

外面的空气好新鲜呀。
我很快长出了2片新叶，
红红的，好漂亮。
暖暖的阳光照在我身上，
我的叶子慢慢变绿了。

在煊煊的精心呵护下，
我渐渐长高，叶子也越来越多。
只是，我有点想念妈妈了。

一天，我听到小男孩的妈妈对小男孩说：
“煊煊，美美长大了，
我们把她送回她妈妈身边吧。”
我心里既高兴又有些不舍。

我回到了妈妈的身边，
我不再孤独。

25年后，
我像妈妈一样，
开出了美丽的花朵。

我也有了自己的孩子。

当年的那个小男孩煊煊，
已经长成了一个帅气的男子汉。
他带着他的女儿薇薇来看我。

爸爸对薇薇说起了当年的故事，
指着我和我的孩子们说：
“她就是那株曾经孤独的紫荆木美美。
你看，她现在再也不孤独了吧。”

薇薇高兴地与我们合影。

然后，她抬起小脑袋问道：

“爸爸，美美会不会再次感到孤独呢？”

爸爸摸摸薇薇的头，轻声说：

“不会的，孩子。”

薇薇不解地望着爸爸。

“因为我们越来越重视她了。
你看这块宣传板上的介绍，
我们采用了就地保护、扩繁回归、
种群重建等措施把她和她的
兄弟姐妹很好地保护起来。
她的家族成员会越来越多。”
爸爸微笑着继续解释。

科普知识栏目

1 紫荆木

分类地位

紫荆木［*Madhuca pasquieri* (Dubard) H. J. Lam］为山榄科（Sapotaceae）紫荆木属（*Madhuca*）常绿高大乔木。

保护等级

国家二级保护野生植物；《世界自然保护联盟濒危物种红色名录》易危物种；2021年国家林业和草原局发布的“十四五”国家规划专项拯救的50种野生植物之一。

种群现状

紫荆木现有野生种群规模小，且面临着日益减少的危险。个别残存片林紫荆木株数虽然超过100株，但林下幼树和幼苗都极为稀少，种群自然更新困难。其他分布点零星分布的紫荆木个体更是难以维持种群的延续。

形态特征

紫荆木树皮灰黑色，具乳汁。叶互生，星散或密聚于分枝顶端，革质，倒卵形或倒卵状长圆形。花数朵簇生于叶腋，花冠黄绿色。果皮肥厚，被锈色绒毛。后变无毛；种子椭圆形，子叶扁平，油质。花期7至9月，果期10月至翌年1月。

2 国家林业和草原局“十四五”国家规划专项拯救工程

紫荆木是国家林业和草原局“十四五”国家规划专项拯救野生植物。国家林业和草原局发布的《“十四五”林业草原保护发展规划纲要》明确要求开展包括紫荆木在内的50种极小种群野生植物抢救性保护。

3 知识问答

什么是极小种群野生植物？

特指分布地域狭窄，长期受到外界因素干扰胁迫，种群退化和个体数量持续减少，已经低于稳定存活界限的最小可存活种群，而随时面临灭绝风险的野生植物。

为什么要保护极小种群野生植物？

种群规模小、林下幼苗稀少、幼苗生长缓慢、天然更新能力弱是包括紫荆木在内的极小种群野生植物面临的共性问题。生境破碎化、生境退化、人为干扰、动物啃食、气候变化、自然灾害等，也加剧了极小种群野生植物灭绝的速率。加强极小种群野生植物拯救与保护，解析极小种群野生植物濒危机制，刻不容缓。

王子煊为本书提供了部分照片
作为绘画参考，在此表示感谢！